PLANETA A
LOS ZORROS ÁRTICOS

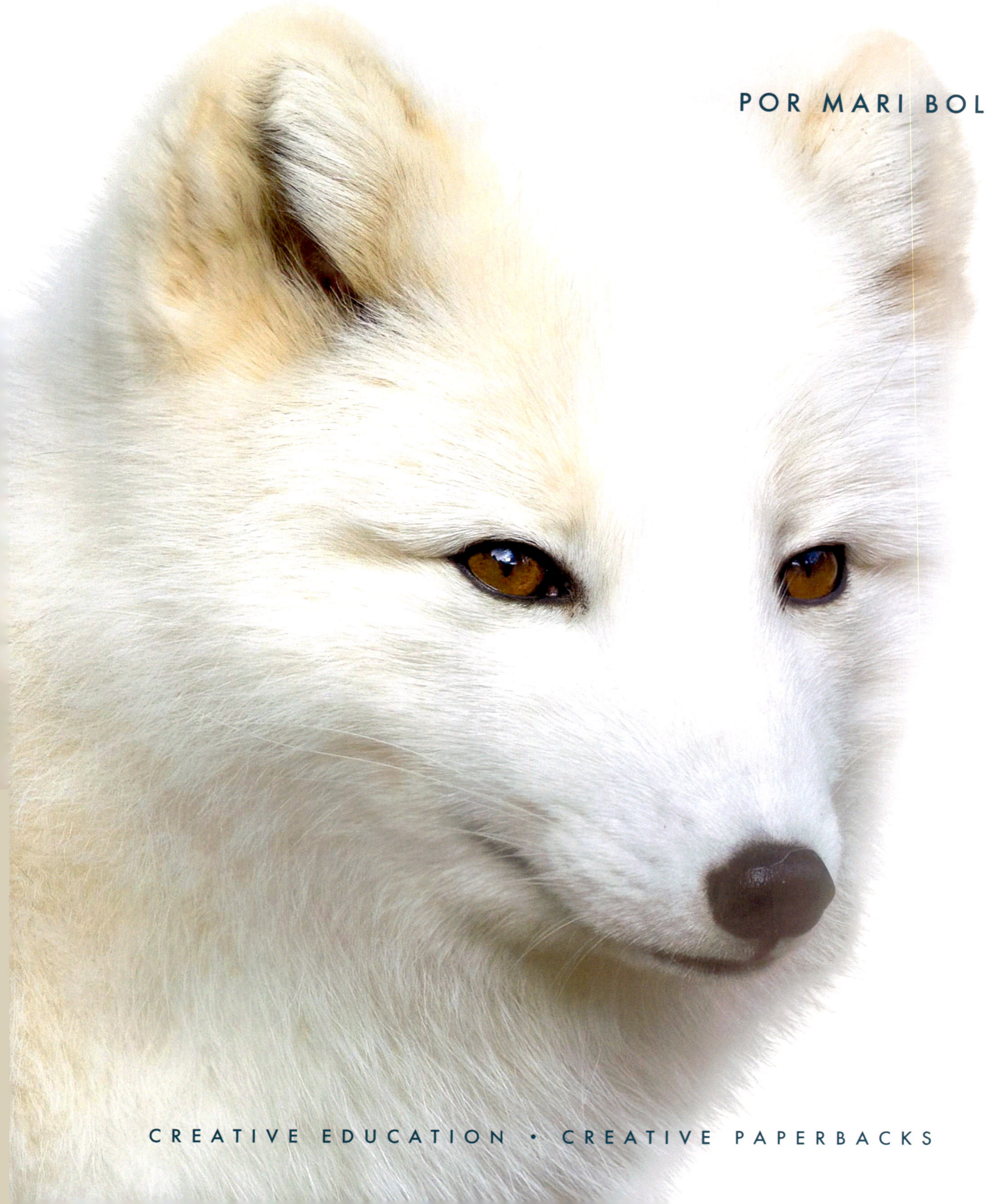

POR MARI BOLTE

CREATIVE EDUCATION • CREATIVE PAPERBACKS

Publicado por Creative Education y Creative Paperbacks
P.O. Box 227, Mankato, Minnesota 56002
Creative Education y Creative Paperbacks
son marcas editoriales de The Creative Company
www.thecreativecompany.us

Diseño de The Design Lab
Dirección de arte de Graham Morgan
Editado de Jill Kalz

Fotografías de Alamy Stock Photo/imageBROKER/Matthias Delle, 21, Sergey Gorshkov, 10; Getty Images/Enrique Aguirre Aves, 9, imageBROKER/Robert Haasmann, 16, John Conrad, 13, Wirestock, 18; Pexels/Irish Heart Photography, cover, 1; Unsplash/Jonatan Pie, 2, 5, 6, Sami Matias, 22–23; Wikimedia Commons/kgleditsch, 12, Lisa Hupp/USFWS, 17, Musicaline, 14

Copyright © 2025 Creative Education, Creative Paperbacks
Todos los derechos internacionales reservados en todos los países. Prohibida la reproducción total o parcial de este libro por cualquier método sin el permiso por escrito de la editorial.

Library of Congress Cataloging-in-Publication Data
Names: Bolte, Mari, author.
Title: Los zorros árticos / by Mari Bolte.
Other titles: Arctic foxes. Spanish
Description: Mankato, Minnesota : Creative Education and Creative Paperbacks, [2025] | Series: Planeta animal | Includes bibliographical references and index. | Audience: Ages 6–9 | Audience: Grades 2–3 | Summary: "Discover the made-for-cold Arctic fox in this North American Spanish translation! Explore the mammal's anatomy, diet, habitat, and life cycle. Captions, on-page definitions, a Finnish animal folktale, and an index support elementary-aged kids"—Provided by publisher.
Identifiers: LCCN 2024018529 (print) | LCCN 2024018530 (ebook) | ISBN 9798889895534 (library binding) | ISBN 9781682777381 (paperback) | ISBN 9798889895633 (ebook)
Subjects: LCSH: Arctic fox—Juvenile literature.
Classification: LCC QL737.C22 B57718 2025 (print) | LCC QL737.C22 (ebook) | DDC 599.776/4—dc23/eng/20240523

Impreso en China

Índice

En el Lejano Norte	4
Mantenerse caliente	6
Integrarse	8
Encontrar comida	10
Tiempo con familia	14
En movimiento	18
Un cuento de zorros árticos	22
Índice	24

El zorro ártico

es un animal pequeño de cola larga y tupida. Reciben su nombre de la zona en la que viven. El Ártico está en la parte más septentrional del planeta. Incluye Canadá, Rusia y el norte de Europa.

El pelo blanco del zorro ártico se confunde con la nieve y el hielo.

¡Las temperaturas invernales en el Ártico pueden descender hasta los 65 grados Fahrenheit (54 grados Celsius) bajo cero!

Los inviernos

árticos son nevados y fríos. Los veranos son frescos. Los zorros árticos se han **adaptado** a estas condiciones. Los gruesos abrigos de pelo los mantienen calientes. Las patas cortas, el hocico y las orejas retienen el calor. Sus patas peludas se agarran al suelo helado.

adaptado cambiado para mejorar las posibilidades de supervivencia

Las crías de zorro ártico nacen con un suave pelo marrón oscuro que se aclara con el tiempo.

Los zorros árticos son marrones o grises en verano. Coinciden con el césped y las rocas que los rodean. En invierno, su pelaje se vuelve blanco o gris azulado. Se mezcla con la nieve y el hielo. El camuflaje hace que la caza y ocultación sea más fácil.

camuflaje capacidad de mimetizarse con el entorno

Los zorros árticos pueden oír a sus presas moviéndose bajo 4 a 5 pugadas (10–13 centímetros) de nieve.

Los zorros árticos pesan entre 6 y 10 libras (2,7–4,5 kilogramos). Pueden caminar sobre la nieve profunda. Oyen a los pequeños animales que se mueven bajo ellos. Con un salto rápido, los zorros atraviesan la nieve y atrapan a su **presa**.

presa un animal que es matado y comido por otro animal

Los lemmings

y otros animales ratoniles son una parte importante de la dieta del zorro ártico. También son las aves marinas. Los huevos, las bayas y los insectos también son alimentos comunes. Si un oso polar deja parte de una foca, un zorro agarrará la comida fácil.

Los zorros árticos suelen seguir a los osos polares y comer sus restos de comida.

13

LOS ZORROS ÁRTICOS

Una hembra de zorro ártico se llama zorra.

Las hembras de zorro ártico se preparan para parir en primavera. Construyen espacios seguros llamados guaridas. Allí dan a luz de cinco a ocho **cachorros**. Ambos padres cuidan de los cachorros. La madre zorro alimenta a los cachorros con leche.

cachorros zorros bebés

Los cachorros

empiezan a explorar fuera de la madriguera a las tres semanas. Sus padres les enseñan a cazar. Poco después, empiezan a comer carne. Los cachorros son curiosos. Juegan y se revuelcan. Cuando tienen seis meses, ya viven solos.

Los cachorros nacidos al mismo tiempo de la misma madre se denominan hermanos de camada.

LOS ZORROS ÁRTICOS

Los zorros no permanecen mucho tiempo en un mismo lugar. Los zorros jóvenes pueden verse obligados a abandonar su grupo familiar. Los zorros más viejos pueden estar buscando pareja o comida. Los zorros árticos usualmente vivir de tres a seis años en libertad.

Un zorro ártico está listo para formar una familia cuando tiene unos 10 meses.

Los zorros árticos pueden correr a una velocidad de hasta 41 millas (50 kilómetros) por hora.

Los zorros árticos pueden viajar miles de kilómetros en busca de su próximo hogar. Pueden viajar de un **continente** a otro. Los científicos siguen sus viajes. ¡Es divertido ver lo lejos que llegan los zorros!

continente una gran masa de tierra; la Tierra tiene siete continentes

21

LOS ZORROS ÁRTICOS

Un cuento de zorros árticos

Un viejo cuento finlandés habla de un zorro mágico. Quien lo capturara sería rico y famoso más allá de sus sueños más salvajes. Todas las noches, el zorro corría por el cielo. Cuando su cola tupida rozaba la nieve, saltaban chispas. Creaban ondas danzantes de luz en el cielo. Estos "fuegos del zorro" se conocen hoy como auroras boreales.

Índice

alimentación, 11, 12, 15, 16, 19
Ártico, 4, 7
cachorros, 8, 15, 16
caza, 8, 11, 12, 16
colas, 4, 22
colores, 4, 8
esperanza de vida, 19
patas, 7
pelo, 4, 7, 8
tamaños, 4, 11
viajes, 20